地球の危機をさけぶ生きものたち❶

海が泣いている

写真・文 ● 藤原幸一

少年写真新聞社

もくじ

はじめに 3

❶ 水の惑星・地球 4

◉ 水の旅 5
◉ 流れる海 6
◉ 地球の冷蔵庫 8
◉ 海中の森 10
◉ 海からふるさとの川に帰ってくる生きものたち 12
解説：海と宇宙 13

❷ 海と人 14

◉ 日本の海は世界のホットスポット 15
◉ 捕鯨 16
◉ オーバーフィッシング 19
◉ あみにからまる海の動物 20
解説：山に木を植える漁師たち 21

❸ 地球の温暖化と海 22

◉ 北極海 24
◉ 南極海 26
◉ サンゴ礁 29
解説：魚や貝がとける 31

❹ 海をおおいつくすプラスチック 32

◉ プラスチックごみにくらすヤドカリ 33
◉ 海にただようプラスチックごみ 34
◉ ウミガメのくるしみ 35
◉ 油まみれの海鳥 38
◉ マイクロプラスチックごみ 39
◉ 食の安全 40
解説：クジラ、マグロ、カジキがあぶない 42

海のプラスチックごみと表層海流 44
あとがき 46
さくいん 47

はじめに ── みんな、海に生かされています

水は海から始まり、海へと帰っていきます。

海は、生きものたちがくらせるように地球の温度を調整してくれるだけでなく、

世界の気候も毎年同じになるようにと、がんばってくれています。

「無限に大きくて、おおらかな海だから、何でも受け入れてくれる」と、人はずっと信じてきました。

その海が今、「助けて!」と、いって泣いています。

ぼくたちは今、かつて経験したことない苦難に立たされています。

それは地球の温暖化であり、魚のとりすぎや、ふえつづけるごみの問題です。

人が石油や石炭をどんどん燃やし、海や陸があたたまってきているのです。

さらに、人は自然にかえらないごみを海にどんどんすててしまっています。

海のかなしみはめぐりめぐって、人のかなしみになってしまうかもしれません。

❶水の惑星・地球

丸い地球の表面で、圧倒的に広いのが海です。海は、地球の表面の71%をおおっています。地球上の水のほとんどは、海にあります。陸にも、川や湖、氷河、地中の深いところに水があります。陸の水は、地球の水のわずか2.5%にしかすぎません。
水は、海、空、陸との間を行ききしています。その間、水は空気のような水蒸気になったり、かたい氷になったり、流れる水になったりしてすがたをかえているのです。

森に雨がふり、川や地下の水になります

●水の旅

　海や陸の水は、水蒸気になって空に向かいます。空で雲になり、水蒸気が集まってつぶになり、重くなって雨や雪として海や陸にふってくるのです。雨は川に流れこんだり、地中にしみこんで地下水になったりします。

　そういった水も、やがて海に帰っていきます。毎年新しい水が雨や雪となって、空からふってくるのです。では、毎年海や陸から蒸発する水蒸気とふってくる雨や雪の量は、どれくらいあるのでしょうか？

　水蒸気は、空からふってきた雨や雪の量とまったく同じなのです。地球の水はめぐっているだけで、量はかわらないのです。

川の水はやがて海にたどり着きます（写真上下）

●流れる海

　世界の海には、たくさんの海流があります。北極や南極から流れてくるつめたい海流（寒流）や、赤道あたりからやってくるあたたかな海流（暖流）があります。この２つの海流が、地球のさまざまなところで出合い、ゆたかな漁業の場所となっています。

　日本の海を見てみると、南のあたたかな海から北に向かって、黒潮とよばれる海流が流れています。そのほかにも、日本海を北上する対馬海流や、北からやってくるつめたい親潮（千島海流）などがあります。

　宇宙から地球をながめると、雲がほとんどないところや、いつも雲が生まれているところがあります。海や森から水がいつも蒸発して雨雲ができる熱帯や、南極と北極に近いところでは、雨がたくさんふっています。北極に近いところでは、雨のおかげで大きな森が生まれています。反対に、つめたい海流が流れている大陸の沿岸や、気流のえいきょうで雨雲ができないところには、乾燥した砂漠が生まれます。

南極の海。ここでは浅いところと深いところの海がかきまぜられて、ゆたかな海がつくられています

地球をめぐる深層水

海流には、黒潮や親潮のように海の表層を流れる「表層海流」(P.44、45)と、海のそこを深層水が流れる「深層海流」があります

雨が多いアラスカの針葉樹林帯（タイガ）。ゆたかな海にクジラがエサをもとめてやってきます

つめたい海流が、陸を砂漠にします。つめたい海なので水の蒸発がおさえられて、雨雲が生まれず、雨がふらないのです

●地球の冷蔵庫

　北極や南極は、「地球の冷蔵庫」とよばれています。あたたかな海から北極や南極に流れ着いた海流は、冬に海がこおり、塩分が入っていない海氷がたくさんできます。そのため海水の塩分がこくなって重くなり、深い海のそこへしずんでいきます。このしずんだ水のことを「深層水」とよんでいます。

　深層水は海のそこを流れる深層海流として、あたたかな赤道をめざします。深層水はゆっくりとあたためられながら上昇し、あたたかな海で表層にあらわれてきます。今度は表層の海流として北極や南極へ流れていくのです。こういった地球の海全体で起こっている大きなじゅんかんは、ぐるりと地球を回るのに２、３千年かかるといわれています。つめたい深層水の流れは、地球の気候にえいきょうをあたえ、地球の温暖化をおさえているのです。

北極の海で生まれたアゴヒゲアザラシの赤ちゃん

こおった北極の海。ここでは海水の塩分がこくなり、海水は重くなって海のそこまでしずみます

南極大陸と流氷帯。流氷は風や海流に乗って、移動します

南極の氷山で休むアデリーペンギン

●海中の森

海そうの海やサンゴ礁のことを「海の森」といいます。そこは、たくさんの生きものたちがくらし、卵をうみ、生まれた魚たちが成長する場所でもあるのです。海の森は、地球の酸素をつくっています。さらに、水中のごみをきれいにし、温室効果ガスをとりこんで、地球環境を守ってくれているのです。

「海そう」には2つのちがう漢字があります。「海草」は、海中で花をさかせ、種をつくって生活しているアマモなどのことをいいます。もう1つはコンブやワカメなどの「海藻」です。種の代わりに胞子によってふえます。どちらの海そうも、浅い海をこのみ、太陽の光を使って光合成をしています。

あたたかな海には、サンゴ礁とよばれる海の森が見られます。サンゴ礁とは、主に枝やテーブル、石のような形をした動物であるサンゴからできている、浅せのことをいいます。海のすべての生きものたちの25%にあたる種がくらしている、ゆたかな海です。

海藻の森は、魚やエビたちが卵をうみ、おさない命を育てます

海草のアマモでできた海中草原にも、たくさんの生きものたちがくらしています

サンゴ礁では、魚や貝、サンゴ、ヒトデ、ナマコ、ウニ、ホヤなど、たくさんの生きものたちがくらしています

枝状のサンゴ、エダミドリイシのなかま

サンゴは1年に一度だけ、夜に産卵します

エダサンゴによじのぼり、頭のてっぺんから精子をはなつナマコ

◉海からふるさとの川に帰ってくる生きものたち

　川の水は、高いところからひくいところへ下っていき、最後に海に流れこみます。そのような川と海のつながりを教えてくれる生きものたちがいます。それは、ぼくたちになじみがあるサケやマス、アユ、ウナギ、テナガエビなどです。

　サケは川で卵をうみ、卵から生まれたおさない魚は川でくらしたあと、海に向かいます。海で2年から6年かけて大きく成長して、生まれた川に帰ってきます。同じ川で卵をうんだあとに、死をむかえるのです。

　夏の終わりから冬のはじめにかけて、アユは川で生まれ、おさない魚のまま海に下っていきます。海でカタクチイワシなどのおさない魚の群れにまざって、生活しています。冬を海ですごし、早春あたりから川に帰ってきて、サケと同じように卵をうむと、死んでしまいます。

急流を上って上流に向かう多摩川のアユ

浅せで体を曲げてまで川を上っていくアラスカのサケ

解説 海と宇宙

　地球は生きものたちがくらせる惑星です。それは地球が太陽からのほどよいきょりにあり、海水と大気でつつまれているためです。もし地球が太陽にもっと近かったら、海水はすべて水蒸気となって地球からなくなってしまうでしょう。

　さらに、もし地球がもっと太陽から遠かったら、海水はすべて氷となって生きものたちがくらせない地球になってしまいます。

　地球と月は、おたがい引っぱり合っています。ものとものとが引っぱり合う力を「引力」とよび、月の引力は海にもはたらいています。太陽からの引力も関係していますが、月の引力のほうがはるかに強いのです。

　海岸では1日に1回か2回、海面が上がる満潮や、下がる干潮が起きています。潮が引いた時にあらわれる場所を「潮間帯」とよびます。

　潮間帯は、1日のうちに乾燥や強い太陽の光、雨などのえいきょうを受け、環境が大きくかわる場所にもかかわらず、さまざまな海の生きものたちがくらしているのです。ここは海の森でもあり、ウニやヒトデ、ナマコ、カニ、エビ、イソギンチャク、フジツボ、カイメン、小魚たちもくらしています。

月の引力で、海のみち引きが起こります

太陽と地球とのきょりが、生きものたちの生存を決めています。そして、太陽光からのめぐみで生きものたちが生活できているのです

13

❷ 海と人

海流はそれぞれ温度や海水のこさ、色のちがいなどがあります。
そういった性質から、ちがう海流がぶつかり合っても、
すぐにまざり合うことはなく、ういている海藻が集まったり、
深い海から栄養が上ってくるおかげで、プランクトンがたくさん生まれてきます。
そのプランクトンをめざして、魚が次つぎと集まってきます。
そういった場所を「潮目」もしくは「潮境」とよび、
漁師たちにとって、大切な漁場となっているのです。

●日本の海は世界のホットスポット

　日本の周辺の海では、寒流の親潮と暖流の黒潮がぶつかり合っていることから、つめたい海にくらすサンマやスケトウダラなどと、あたたかな海をこのむカツオやサバ、マイワシなどの両方が見られるめぐまれた海となっています。日本はこのようなゆたかな海にかこまれ、古くから漁業がさかんに行われてきました。漁獲高は長年、世界10位以内にあり、日本は世界でもまれにみる漁業資源を持った大国ということができます。

　漁業が行われている日本周辺の海には、発見されている世界のすべての海の生きものの14.6％にあたる33,629種が確認されています。世界のホットスポット（ほかにない特別な場所）というべき海であり、日本の海のゆたかさをしめしています。

大漁旗をはためかせた漁船

● 捕鯨

　はるか１万年も昔、縄文時代から、日本人は海岸に打ち上げられたクジラを食べてきたと考えられています。およそ400年前の江戸時代には、あみでとる捕鯨が始まり、クジラがやってくる日本各地の海岸に、捕鯨を行う村や町が生まれていきました。

　1800年代になると、ヨーロッパやアメリカの大型の捕鯨船が、北極海のクジラをとりつくしてしまいました。江戸時代も終わりころには、新たな漁場をもとめて、大西洋から太平洋に進出し、日本周辺の海にもやってきていました。1846年当時、日本周辺で操業していたアメリカの捕鯨船だけでも、292せきにもおよんだのです。

　1900年代はじめまでに、世界の主だった捕鯨海域から大型クジラのすがたが消え、外国の捕鯨船はまだ手がつけられていない南極の海をめざしました。1934年に日本の捕鯨船も南極海の捕鯨にくわわりました。1959年に日本の７船団で２万頭ものクジラをとった記録がのこっています。これによって、

南極海でかつやくした捕鯨船

ナガスクジラなどの大型クジラは、絶滅が心配されるまでとりつくされてしまいました。

　そのため、国際捕鯨委員会（IWC）は、1987年に南極海での商業捕鯨を全面禁止しました。そういった状況で、日本はクジラを売るためではなく、調査を目的にした捕鯨を始めました。その調査の目的でつかまえられたミンククジラなどの肉が、現在、日本の市場に食肉として出回っているのです。

クジラと復元された19世紀の捕鯨船

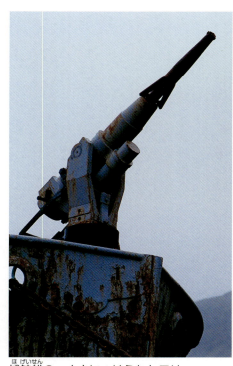
捕鯨船のへさきにつけられたモリ

南極海で大型クジラは絶滅が心配されるほどとりつくされたため、そこでの商業捕鯨は全面禁止においこまれました

南極海にある捕鯨船のスクリュー墓場。ペンギンが遊んでいます

クジラの頭のほねのそばに横たわるモリ

へいさされた捕鯨基地にちらばるクジラのほねや鯨油タンク

●オーバーフィッシング

近年、10階だてビルがまるごと入ってしまうほどの、巨大な「まきあみ」や「そこ引きあみ」をそなえた漁船が世界中の海で漁をしています。そして、とても大きなあみを海で引きずりまわし、海の生きものたちをほとんどとってしまいます。ほかの大型船も50km以上もの長さがある「はえなわ」や「さしあみ」で漁をし、のこった魚をとりつくしてしまうことがふえているのです。

こうして1つの漁場をまるごとほろぼした船は、次に漁場を移動して同じことを行い、その結果、海に魚やエビ、貝などがほとんどのこっていない、空き地のような海をつくり出しているのです。

魚は海で卵をうみ、生まれたおさない魚が大きな魚になって卵をうみ、命をつないでいます。このサイクルをよく考えて漁を行えば、ぼくたちは海のめぐみをずっと味わうことができるのです。しかし今、世界中の海では、そのめぐみのサイクルをはるかにこえる速さで漁業が行われています。大型の魚であるマグロやカジキ、マンタなどは絶滅が心配されています。

魚のとりすぎで、海から魚が消えようとしています

このような破壊的な漁業では、大きく育つまで待つべき大量のおさない魚もとってしまっています。世界の漁業の85％以上がとりすぎ（オーバーフィッシング）で、すでに限界をこえています。

漁のあみがどんどん大きくなり、魚の種類や大きさに関係なくすべてとってしまっています

●あみにからまる海の動物

　海中でオットセイたちを待ち受けるもの。それは、人がしかけた「あみ」です。からまるとぬけられず、おぼれ死んでしまうオットセイ、アザラシがあとをたちません。ぼくの目にとびこんできた1頭にも、その危機が……。このままでは、この種も絶滅が現実になってしまいます。
　どんどん大型化するあみによる、野生動物たちのぎせいが大きな問題となっています。魚をおびきよせるためにしかけられたあみに、たくさんのオットセイや海鳥、サメ、ウミガメ、イルカなどがかかり、おぼれ死んでいるのです。これを「混獲」とよび、海鳥は毎年少なくとも70万羽以上がぎせいになり、20万ひき以上のウミガメも命を落としています。
　混獲でぎせいになる動物は、世界で毎年およそ730万tといわれています。これは、世界中で人がとっている漁獲量の8％にあたります。おびただしい野生動物のぎせいで、漁業がなり立っていることを、考え直さなくてはいけません。

つりばりをのみこんだガラパゴスウミイグアナ

海中であみにからまり、命からがらはんしょく地に帰ってきたアザラシ

解説 山に木を植える漁師たち

ふだん海で漁をする人たちが、山で何かを植えています。何があったのでしょうか？ 海で生活している人たちが海のために、山に木を植えているのです。これは「漁民の森」という活動です。川の上流に木を植えることで、山の栄養が川をつたわって海にたくさん流れこみます。ゆたかだった海をとりもどすためにやっているのです。ゆたかな森がないと、あれはてた山から海に土砂が流れこみ、海がよごれてしまいます。あれた山に木を植えて、ゆたかな森をとりもどすことで、魚もふえ、養殖している魚や貝、海そうなどにもよいのだと気づいたのです。

「漁民の森」は、1988年に北海道で「お魚殖やす植樹運動」が始まったのが、きっかけでした。それが全国に広がり、2007年には約180件の活動に広がってゆきました。北海道東部にある厚岸湾は、昔は天然カキの宝庫でした。しかし、湾に流れこむ川の上流の森の木が切りつくされ、厚岸湾に土砂でにごった水が流れこみ、カキの子どもが死んでしまったのです。20年がたち、森が育ってからは、川の水がにごることも少なくなり、天然のカキがよみがえってきました。

森と海のつながりの大切さがわかるすばらしい活動も、短い期間で結果が出るわけではなく、期待外れと思ってしまう人も出ています。さらに漁をする人たちが少なくなり、今いる漁師たちも年をとって、山に木を植える作業がむずかしくなってきています。

山に木を植えることで、ゆたかな海をとりもどそうとしています

❸ 地球の温暖化と海

地球をおおっている空気には、
熱を吸収するガスである二酸化炭素や
メタンなどがまざっています。
今までこれらのガスは、
地球の温度を動物や植物たちが
くらしやすいようにしてくれていたのですが、
今ではふえすぎて地球を
あたたかくしすぎてしまっています。
大気だけでなく、海の温度も上がってきています。
これを「地球温暖化」とよんでいます。
海は温室効果ガスを吸収して、
空気中でふえるのを
おさえるはたらきをしてくれているのですが、
それでも限界があるのです。
温暖化による問題が今、地球全体で起きています。

車から出ている温室効果ガスをふくんだ排気ガスは、地球温暖化の原因の1つです

世界中の工場から出るけむりや、ガスを燃やした炎。それらにふくまれる温室効果ガスも、地球温暖化の原因の1つとなっています

●北極海

　地球があたたかくなってきていることで、北極の海をおおう氷の面積がだんだんと、小さくなってきています。

　1979年から2016年までに、毎年氷の広さが約9.2万km²も小さくなってきていて、これは北海道の面積とほぼ同じです。海がこおらなくなったため、海の氷の上で子どもを育てたり、エサであるアザラシをつかまえたりするホッキョクグマは、狩りができなくなってきているのです。

　カナダにあるハドソン湾では、1987年に約1,200頭いたホッキョクグマが、2013年には約850頭にへってしまいました。30年前から、ハドソン湾で氷のない日が1年に約1日ずつふえていて、2012年には1年間で143日になりました。氷のない季節が160日になってしまうと、ホッキョクグマは生きのこれないといわれています。

地球温暖化のえいきょうで、ホッキョクグマが絶滅に向かっています

冬に北極(ほっきょく)の海がこおるのがおそくなり、ホッキョクグマがアザラシをつかまえるためにこおった海に出ていける日数が、みじかくなっています

●南極海

南極では雨がほとんどふらなかったのですが、夏に気温0度をこえる日がふえ、雨の日がふえています。
最近になり、南極半島の基地では毎年のように、観測を始めてからの最高気温を記録しています。その半島にあるエスペランサ基地で、以前は雪しかふらなかったのですが、1988年から雨がふり出し、基地の屋根に雨もり防止用のアスファルトがぬられるようになりました。2015年にそのエスペランサ基地でも、観測を始めてからの最高気温を記録しています。
南極大陸をとりまく海や大気の温暖化が進むにつれ、海岸にある氷はとけてくずれてきています。今までで一番大きな1兆tもの氷山が生まれたと、南極を研究している人たちが2017年7月に発表しました。それは南極大陸の氷のかたまりから、わかれてできたものでした。南極の西側にある大陸から海につき出ている氷がもしすべて海に流れ出すとすると、世界の海の水面が3.3mも上がってしまいます。それによって、世界の各地の海岸が海にしずんでしまうのです。

温暖化で南極の氷が急速にとけ始めています

南極のエンペラーペンギン。子育てが終わり、体の羽毛の衣がえが始まっていました

温暖化で氷山がたくさん生まれています。すべてとけてしまうと地球の海面の高さをおし上げてしまうのです

雪も氷もとけてしまった南極の大地で、あくびをするジェンツーペンギン。温暖化で雨の日がふえています

●サンゴ礁

　サンゴ礁の海には、海の生きものの25％がくらしています。しかし今、世界の60％近いサンゴ礁が死んでしまうのではないかと、心配されています。サンゴが白くなって弱ってしまい、死んでしまっているのです。2017年1月に沖縄県の石垣島と西表島の間にある、日本でもっとも大きなサンゴ礁でもサンゴが白くなって、サンゴ礁の70％が死んでしまいました。

　地球の温暖化によって海水の温度が上がり、水温に敏感なサンゴが弱ってしまうのだと考えられています。温室効果ガスの1つである二酸化炭素を、サンゴはいっぱいとりこんでいるので、サンゴ礁がなくなると、地球の温暖化がよりいっそう進んでしまいます。また、サンゴ礁が死んでしまうほかの理由には、火薬を使った漁、川から海に入ってくる工事や山の破壊で生じた土砂、さらに家庭や工場から流れてくるよごれた水などがあります。

　浅せに広がるサンゴ礁は、天然の防波堤です。サンゴ礁がこわされると、波をふせぎきれなくなって、海岸がけずられてしまいます。死んでしまった東南アジアのサンゴ礁の海岸では、台風がくるたびに海岸が大きくけずりとられています。

健康なサンゴ礁は、たくさんの生きものたちがくらせる海の森です

温暖化で海があたたまり、サンゴが白くなり弱って死んでいます

死んだサンゴのほねがちらばるサンゴ礁。サンゴが死ぬと、地球の温暖化がより進んでしまいます

解説 魚や貝がとける

世界中の人の家や車、工場などから出される二酸化炭素は、海にもとけこんでいます。それによって、海が弱っているのです。

海はもともと弱いアルカリ性とよばれる状態なのですが、じょじょに反対の酸性になり始めています。酸性になると海に二酸化炭素がとけこむのが止まり、地球の温暖化がより進むことになるのです。さらに、酸性は物をとかす性質があるため、プランクトンや魚の卵のから、魚のほねがつくりにくくなり、生きものたちの数が、いちじるしくへるとみられています。また、サンゴや貝などの成長にも悪いえいきょうが出てしまうでしょう。

海が酸性になり始めた報告は、世界中からとどいています。日本の東に広がる太平洋や北極の海などでも起こっています。さらに日本の小笠原諸島や奄美群島の海でも酸性化が進んでいて、サンゴのほねの成長をさまたげているのではないかといわれています。

魚たちは、酸性化によって卵の成長をさまたげられたり、ほねがつくりにくくなったりします

炭酸カルシウムで体をつくる生きものも、酸性化で成長をさまたげられます

世界最大の貝もえいきょうを受けます

❹ 海をおおいつくすプラスチック

昔、海は陸から出たごみを川を通じて受けとり、また自然にかえしてくれました。
昔のごみは、よごれた土、動物のふんや死がい、木の葉や根、たおれた木、
人がすてた紙くず、野菜やくだもののくずなどでした。
ほとんどのごみは、風や雨で川に運ばれ、やがて海にたどり着きます。
そんなごみも海で魚のエサになり、栄養として海をゆたかにしていました。
でも今は、自然にかえらないたくさんのごみが、海にとどまりつづけているのです。
それが、石油からつくられた化学物質とよばれるもので、
薬や塗料、ビニール、プラスチックなどです。

●プラスチックごみにくらすヤドカリ

沖縄のヤドカリはプラスチックを背負っている、といううわさを聞いて、2013年12月、ぼくは慶良間諸島をおとずれました。

人がほとんどいないしずかな砂浜には、赤や青などのカラフルなものがいっぱい落ちていました。プラスチックの破片や、箱やうき輪に使われている発泡スチロールが、海からたくさん流れ着いていたのです。プラスチックごみの中で、何か動いているものが……。それはうわさどおり、プラスチックの黒いキャップを背中にのせた、オカヤドカリでした。

沖縄県や大学の調査では、オカヤドカリの体の中から鉛やバリウムといった、体に悪い毒が見つかっています。その毒は、砂浜に流れ着いたプラスチックといっしょにやってきたことがわかったのです。

ヘンダーソンという島にも、日本でつくられたプラスチックごみがたくさん流れ着いていると、オーストラリアとイギリスの研究チームが、2017年に発表しました。ヘンダーソン島は、南アメリカとオーストラリアの間にうかぶ無人の島です。調べてみると、島全体で約3770万個、重さ17tあったごみのほとんどが、プラスチックでした。沖縄のように、貝がらではなく化粧品のプラスチック容器を背負ったヤドカリも見つかりました。

たくさんのごみが流れ着くため、ヤドカリは貝がらよりも軽いプラスチックキャップをえらんでしまうのかもしれません

●海にただようプラスチックごみ

　色とりどりのごみが集まって、海にういています。それはありえないほどの広さで、何と、日本の面積よりも、はるかに大きいのです。しかも、そういった場所がいくつも、世界の大きな海で見つかっています。すべて、人がすてたプラスチックごみです。海にただようプラスチックごみは、10年ごとにほぼ2倍にふえていき、たまりつづけています。

　2014年に世界で行われた調査によると、海にういているプラスチックごみは、全部合わせると25万tをこえていました。その多くが、米つぶほどの大きさの破片です。

　さらに2016年の研究発表では、世界で毎年800万tのプラスチックごみが海にすてられているというのです。

　深い海でくらす生きものダイオウグソクムシの胃からも、人がすてたビニールやゴムなどが見つかっています。深い海のそこにも、人がすてたごみがあったのです。

　クジラやアザラシ、ウミガメ、海鳥、魚など、200種類をこえる動物がこうした海のプラスチックごみを食べていることがわかっています。とくに危険にさらされているのは海鳥で、2015年にはオーストラリアの科学者が、ほぼすべての海鳥がプラスチックを食べているとの研究を発表しました。みんなが思っているより、ずっと深刻な問題が海で起きているのです。

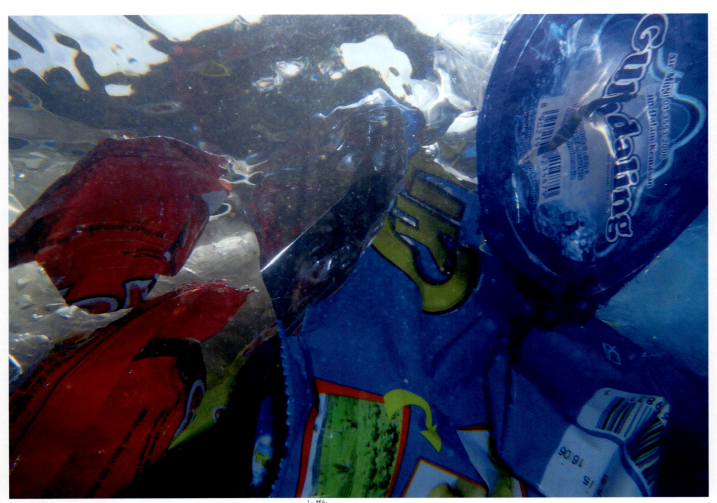

海の中をただようプラスチックごみ。プラスチックごみは自然にかえらないため、海にたまりつづけています

●ウミガメのくるしみ

　およそ500年前、熱帯アメリカの東にあるカリブ海では「大きなアオウミガメに海はうめつくされ、船が乗り上げてしまうかのようだ」といわれていたそうです。
　そんな風景は今、カリブ海のどこにもありません。カリブ海の島に人がうつりすむようになって、島では毎年、数万ひきのウミガメが食べられるようになってしまったのです。カリブ海だけではなく、日本もふくめた世界のいたるところで、ウミガメを食べてきた長い歴史がありました。
　さらに、あやまって漁師のあみにかかってしまうことで、たくさんのウミガメが命を落としています。そのぎせいになるウミガメの数は、年間20万ひきとも30万ひきともいわれます。

呼吸をするために水面に顔を出したウミガメ。この時、島の漁師は海にとびこんでウミガメをつかまえました

漁師はマグロをつかまえるために、たくさんはりがついた「はえなわ」を船から海に流します。マグロの代わりに、たくさんのウミガメをつりばりに引っかけてしまうため、ウミガメがおぼれ死んでしまうのです。命が助かっても、つり糸がからまって、足がなくなってしまうウミガメもいます。

　そのほかにも、ウミガメはうすく透明なビニールぶくろを、エサであるクラゲとまちがえて食べてしまっています。また、タールとよばれる石油のかたまりや、レジンペレットとよばれる発泡スチロールなどの原料も、海をただよう海藻にとてもにているので、ウミガメがエサとまちがえてのみこんでしまうのです。レジぶくろ、タールのかたまり、つり糸、プラスチックボトルなど、さまざまなものがウミガメの胃の中から見つかっているのです。

砂の中で卵からかえり、顔を出すウミガメ

卵から生まれたばかりのウミガメの赤ちゃん

ウミガメの赤ちゃんは、生まれてすぐに海をめざします

ウミガメが産卵のために上陸してくる九州の砂浜。海から流れ着いた漁のあみやプラスチックごみが、ウミガメを危険にさらしています

ウミガメのエサの1つであるクラゲ

クラゲににたビニールをまちがって食べてしまうのです

●油まみれの海鳥

　2001年1月16日、未来にのこしたい世界自然遺産のガラパゴス諸島で、油を運ぶ船であるタンカーが浅い海に乗り上げて、船から油が流れ出てしまいました。ぼくはこの事故を聞いて、すぐに日本からガラパゴスに向かいました。1月28日に、タンカーが横だおしになっている海にもぐったのです。船からもれた油や、それを消すためにまかれた薬品のせいで、死んでしまったウニやヒトデが見つかりました。

　タンカーの事故から11か月がすぎたころ、大変なことが起きました。横だおしのタンカーの北にあるサンタ・フェ島で、およそ1万5000ひきものウミイグアナが死体で見つかったのです。島に流れ着いた油が海藻にとりこまれ、それをエサとして食べているウミイグアナが死んでしまったのです。

　船から油が流れ出し、海鳥も油まみれになりました。油にまみれた海鳥は、くちばしを使って一生

船から流れ出す油が、海の生きものたちの命をうばっています

けんめいに、羽から油を落とそうとします。その時、あやまって油をのみこんでしまうのです。油は海鳥にとって毒であり、体が弱って死んでしまいます。
　このような船の事故が世界中で起きています。

ガラパゴスの海で浅い海に乗り上げてしまったタンカー

船から流れ出した油は回収され、燃やされました

体についた油をあらってもらうペリカン

●マイクロプラスチックごみ

　陸にすてられたペットボトルやレジぶくろなどのプラスチックは、雨に流されて川に入り、やがて海に流れ出ていきます。海をただようプラスチックが、日光や波の力で米つぶのような破片になります。さらに、化粧品や歯みがきこの中には、よごれをとるために、小さなプラスチックのつぶを入れたものがあり、それも海に流れ着いてただよっているのです。

　5mmより小さなプラスチックのかけらを「マイクロプラスチック」とよんでいます。プラスチック製品の原料になるレジンペレットは、人がつくったマイクロプラスチックです。マイクロプラスチックの表面には、ダイオキシンやPCB、有機水銀といった体に悪い毒がたくさんついていて、それが世界の海に広がっているのです。鳥や魚がマイクロプラスチックをエサだと思って食べてしまったり、カキなどの貝が、海水といっしょに体の中にとりこんでしまったりしていることがわかってきました。

　木材や紙、木綿などの天然のものは、時間がたつと微生物によって分解されます。ところが、プラスチックは細かくなっても、長い間そのままのこってしまい、自然にかえることはないのです。

　このまま何もしなければ、2050年までに、海でくらす魚の重さと海のマイクロプラスチックの重さが、同じになるという予測が出ているのです。

砂浜に打ち上げられたプラスチックごみ。やがて小さなマイクロプラスチックになります

●食の安全

　マイクロプラスチックは、数百年にわたって海をただよう ともいわれています。プラスチックは毒性のある添加剤をふくむだけでなく、PCBなどの毒が表面につきやすく、その形から魚がエサとまちがって食べてしまうのです。日本をとりかこむ海にはたくさんのプラスチックがただよい、その密度は世界平均の27倍にもなるのです。

　2015年、東京農工大学の調査チームが東京湾のカタクチイワシ64ひきを調べたところ、8割近くの体内からマイクロプラスチックが見つかりました。北海道大学の調査チームは、北太平洋のハシボソミズナギドリのおよそ9割の胃から、マイクロプラスチックが見つかったと報告しています。

　日本人も世界の人も魚を食べています。これからますますマイクロプラスチックをふくんだ魚が、ふえていくでしょう。人は魚を食べることによって、体の中に毒をとどめてしまうかもしれません。

　おそらく今では、世界中のほとんどすべての生きものたちが、ぼくたちが出したプラスチックなどのごみから、何らかのえいきょうを受けています。海の生きものや人の健康を考えると、人はプラスチックやビニールなどのごみを、むやみに外にすてることをやめなくてはいけません。このままマイクロプラスチックが海でふえつづけてしまえば、不安な地球の未来しか待っていないことになるでしょう。

レジンペレットは、プラスチック製品の材料となっているマイクロプラスチックで、パチンコ玉をあらう時にも使われています。今では海で大量に見つかっています

浜辺に打ち上げられたイルカ。体の中から、危険な毒である物質が見つかりました

解説 クジラ、マグロ、カジキがあぶない

　2017年1月、ノルウェー南西部の入江に、1頭のクジラがまよいこみました。ベルゲン大学の学者たちがクジラを調べたところ、たくさんのプラスチックぶくろと大量のマイクロプラスチックが見つかりました。胃の中はプラスチックでいっぱいになっていたのです。

　2006年2月には、千葉県の浜辺にイルカが打ち上げられました。死んでしまったイルカの体の中から、危険な物質が見つかりました。それはイルカの体の中で長くとどまるPCBやダイオキシン、メチル水銀などの毒でした。イルカのエサである魚が食べていたものにふくまれていたのです。魚より長生きするイルカの体の中にずっととどまってしまうのです。このイルカだけが特別なのではなく、日本でくらしているほかのイルカからも、同じような毒が見つかっています。それは日本の国が決めた安全とされる値より、はるかに大きな数字でした。

　石炭を燃やすことによって、空気中に出ていく毒である水銀は、海にもふりそそぎます。水銀は魚や貝などの体の中に入りこんでとどまっていきます。イルカだけではなくクジラやマグロ、カジキなどの体の中にも、水銀がたまりつづけているのです。

　マグロの体の中にとどまっている水銀の量が、アメリカで調査されました。その結果、マグロの水銀の値は、海水にふくまれる水銀の1億倍もあったのです。アメリカ政府は赤ちゃんがおなかにいる女性に対して、マグロを食べすぎないようにとよびかけています。人が安心して食べられるために、売られているマグロなどの肉に、人の体に悪いものが、どれくらいふくまれているのか、安全であるのならばどれくらいひくい値なのか、といった情報をしめす必要があるでしょう。

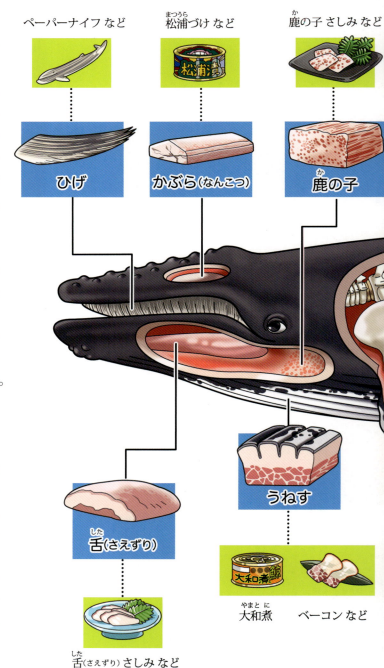

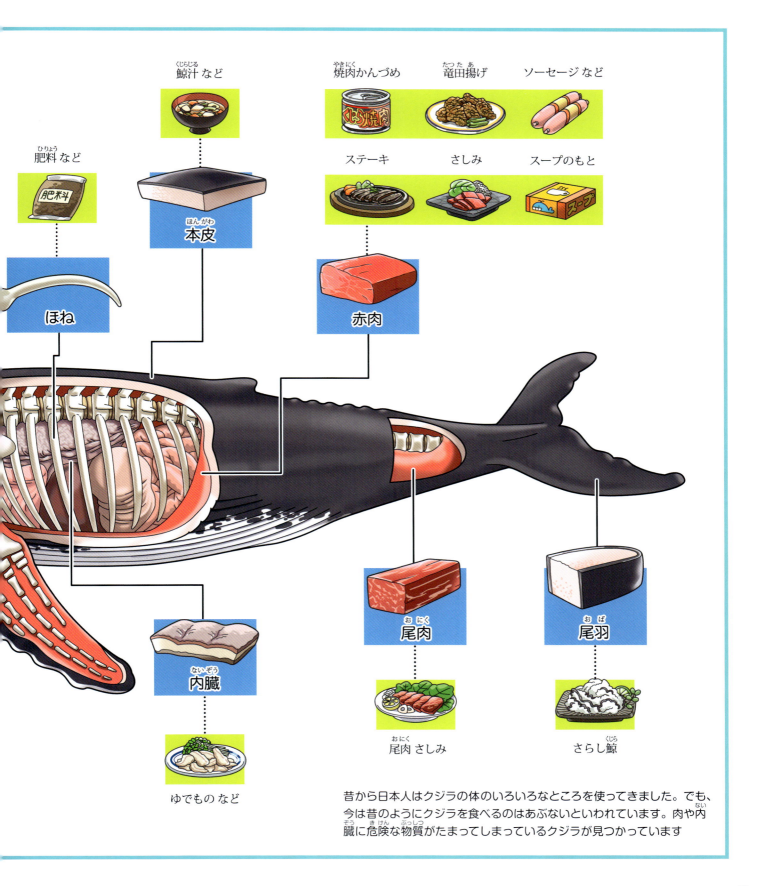

昔から日本人はクジラの体のいろいろなところを使ってきました。でも、今は昔のようにクジラを食べるのはあぶないといわれています。肉や内臓に危険な物質がたまってしまっているクジラが見つかっています

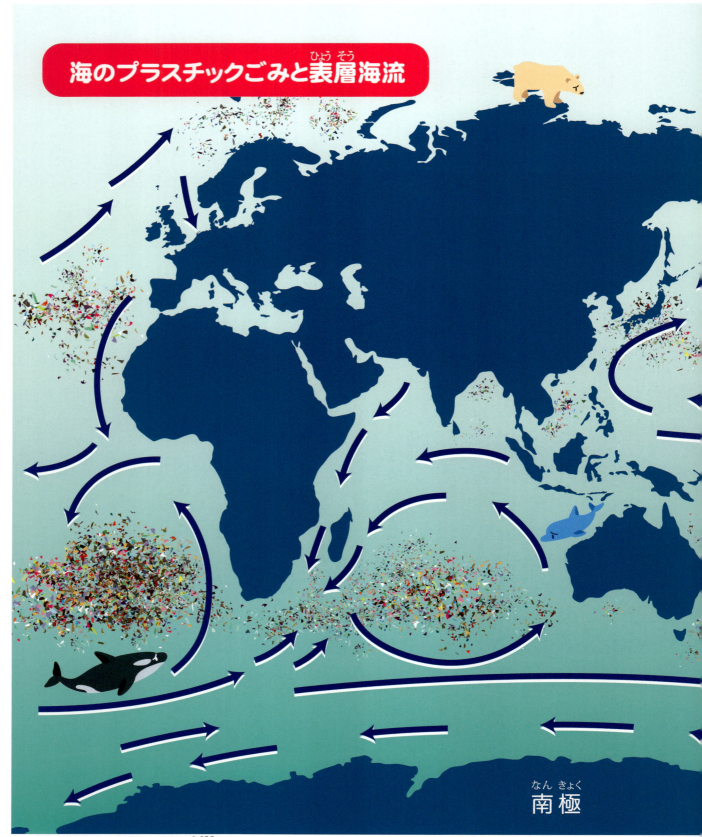

海をただようプラスチックごみは、表層海流に乗って世界中に広がっています。このままだと2050年までに、海でくらす魚の重さ

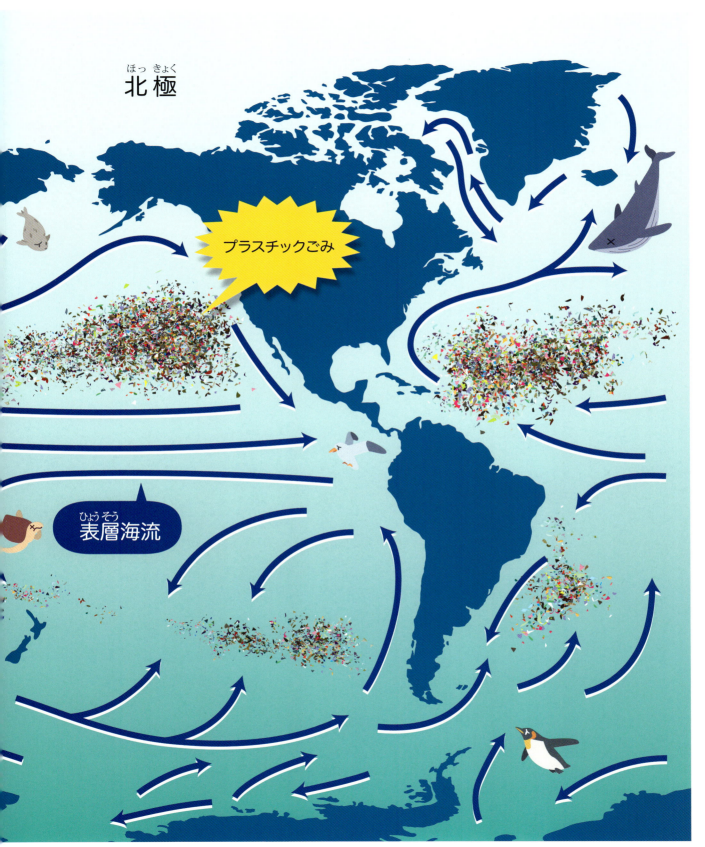

と海のマイクロプラスチックの重さが同じになるかもしれません

あとがき ── 秋田のハタハタと大漁貧乏

　10代後半まで東北の秋田でくらし、森と田んぼや畑ばかりの田舎で、ぼくは育ちました。小学生のころ夏になるとかならず、日本海にある海水浴場へ母親がつれていってくれて、きれいな砂浜とすんだ海で、おもいっきり遊んだものです。茶色い砂浜でしたが、水中メガネで魚や貝を見つけて、おもいっきり感動していました。砂浜の南から西にかけて、真っ平な海と水平線が広がり、北をながめると、水平線にうかんでいるかのように、絶景の男鹿半島が見えました。

　20代後半になって、ひさびさに里帰りをして、その海水浴場をおとずれてみると、あの美しい風景はどこにものこっていませんでした。これでもかというくらい数えきれないコンクリートのテトラポットが海につまれ、南側に巨大な工場がつくられ、そこから流れてくる排水が鼻をつく異臭をはなって、海水も茶色にそまっていました。

　男鹿半島は、大きな鬼の面をつけたナマハゲがとても有名なのですが、もう一つ有名なのがハタハタです。冬が近づいてくると、ハタハタが半島の浅せに産卵にやってくるのです。漁師たちは大きなあみで、卵をうむ前のハタハタをかんたんにつかまえていました。そして、木の魚箱に山盛り入ったハタハタを、近くの町や村に売りにくるのが、あたりまえの光景でした。ハタハタは小ぼねも少なく、背ぼねを身からぬいてしまえば、頭からしっぽまですべて食べられます。ほのかなあまみがあって、秋田の県の魚になっているくらい人気の魚でした。

　1975年ころまで、ハタハタは毎年15,000 tもとれていました。そのころ、ハタハタの値段はとても安く、何十ぴきも入った木でつくられた大きな魚箱が、わずか100円から150円ほどで売られていたくらい

です。それでもハタハタは売れのこってしまうので、畑の肥料にしたといいます。数えきれないほどやってくるハタハタは、いくらとってもお金にならないので、漁師さんたちのことを「大漁貧乏」とよんでいました。

　とりすぎの漁がたたって、ハタハタのとれる量は、1979年には年間1,386 tまでへってしまいました。ハタハタの復活をねがい、1992年から約3年間、ハタハタの漁が禁止されました。そのおかげで、ハタハタが故郷の海にもどり始めました。

　かつて、ぼくは『南極がこわれる』『ガラパゴスがこわれる』『マダガスカルがこわれる』『アマゾンがこわれる』『地球の声がきこえる』という本を書きました。南極と北極に滞在し、陸や海が急速にあたたかくなっていることに気づかされました。その後も中南米や熱帯アジア、アフリカ、さらにモーリシャスやマダガスカル、ガラパゴスなど、どこをおとずれても温暖化の問題が起こっていたのでした。温帯から熱帯にかけて、どこの海辺にもプラスチックごみが流れ着いていて、問題の深刻さが想像以上なのだということに、気づかされたのです。

　世界中の海をただようプラスチックがふえつづけていることを、どうしたら止めることができるのだろう？　海の生きものたちが卵をうみにやってくる、海そうやサンゴ礁の海を、どうやって守っていけばいいのだろう？　世界の海から魚が消え去ろうとしていることを、どうすればふせげるのだろう？

　そんな気持ちから、みんなにもっと海のことを知ってもらいたくて、ぼくはこの本をつくりました。

さくいん

【あ】

アザラシ······8, 20, 24, 25, 34
アユ······12
イルカ······20, 41, 42
引力······13
ウミガメ······20, 34, 35, 36, 37
海鳥······20, 34, 38
海の森······10, 13, 29
オーバーフィッシング······19
お魚殖やす植樹運動······21
オットセイ······20
親潮（千島海流）······6, 7, 15
温室効果ガス······10, 22, 23, 29

【か】

海そう（海草、海藻）······10, 36, 38
カジキ······19, 42
ガラパゴス諸島······38
干潮······13
寒流······6, 15
漁民の森······21
クジラ······7, 16, 17, 18, 34, 42, 43
黒潮······6, 7, 15
光合成······10
国際捕鯨委員会（IWC）···16
混獲······20

【さ】

サケ······12
さしあみ······19
サンゴ礁（サンゴ）······10, 11, 29, 30, 31
酸性化······31
潮目（潮境）······14
商業捕鯨······16, 17
深層海流······7, 8
深層水······7, 8
針葉樹林帯（タイガ）······7

水銀······39, 42
赤道······6
そこ引きあみ······19

【た】

ダイオキシン······39, 42
暖流······6, 15
地球温暖化（温暖化）······8, 22, 23, 24, 26, 27, 28, 29, 30, 31
地球の冷蔵庫······8
潮間帯······13
調査捕鯨······16

【な】

南極······6, 7, 8, 9, 26, 28, 44
南極海······6, 16, 26, 42
二酸化炭素······22, 29, 31

【は】

はえなわ······19, 36
ＰＣＢ······39, 40, 42
表層海流······7, 44, 45
プラスチックごみ······33, 34, 37, 39, 44, 45
プランクトン······14, 31
捕鯨······16, 18
北極······6, 7, 8, 24, 45
北極海······8, 16, 24, 25, 31
ホッキョクグマ······24, 25

【ま】

マイクロプラスチック······39, 40, 42, 45
まきあみ······19
マグロ······19, 36, 42
満潮······13

【や】

ヤドカリ······33

【ら】

レジンペレット······36, 39, 40

サンゴ礁の専門家として世界最大のサンゴ礁であるグレート・バリアー・リーフを調査していたころの著者

藤原幸一（ふじわら こういち）

生物ジャーナリスト、写真家、作家。
ネイチャーズ・プラネット代表。学習院女子大学・特別総合科目「環境問題」講師。秋田県生まれ。日本とオーストラリアの大学・大学院で生物学を専攻し、グレート・バリアー・リーフにあるリザード・アイランド海洋研究所で研究生活を送る。その後、野生生物の生態や環境に視点をおいて、世界中を訪れている。日本テレビ『天才！志村どうぶつ園』監修や『動物惑星』ナビゲーター、『世界一受けたい授業』生物先生。NHK『視点・論点』、『アーカイブス』、TBS『情熱大陸』、テレビ朝日『素敵な宇宙船地球号』などに出演。
おもな著書に『環境破壊図鑑』『南極がこわれる』『マダガスカルがこわれる』（第29回厚生労働省児童福祉文化財／以上、ポプラ社）、『きせきのお花畑』『ぞうのなみだ ひとのなみだ』（アリス館）、『こわれる森 ハチドリのねがい』（PHP研究所）、『PENGUINS』（講談社）、『おしり？』『びゅ〜んびょ〜ん』（新日本出版社）、『ヒートアイランドの虫たち』（第47回夏休みの本、あかね書房）、『ちいさな鳥の地球たび』（第45回夏休みの本）、『ガラパゴスに木を植える』（第26回読書感想画中央コンクール指定図書／以上、岩崎書店）、『森の顔さがし』（そうえん社）、『えんとつと北極のシロクマ』（少年写真新聞社）などがある。

NATURE'S PLANET　http://www.natures-planet.com

地球の危機をさけぶ生きものたち ❶
海が泣いている

2017年12月27日　初版第1刷発行

著　者	藤原幸一
デザイン	三村 淳
協　力	有井美如（ネイチャーズ・プラネット）
発行人	松本 恒
発行所	株式会社 少年写真新聞社
	〒102-8232
	東京都千代田区九段南4-7-16 市ヶ谷KTビルI
	TEL：03-3264-2624　FAX：03-5276-7785
	URL　http://www.schoolpress.co.jp/
印刷所	凸版印刷株式会社
	PD　十文字義美（凸版印刷株式会社）

イラスト：小野寺ハルカ　校正：石井理抄子　編集：山本敏之／河野英人

© Fujiwara Koichi 2017　Printed in Japan
ISBN978-4-87981-624-5　C8645　NDC468

本書を無断で複写、複製、転載、デジタルデータ化することを禁じます。
乱丁・落丁本はお取り替えいたします。定価はカバーに表示してあります。

● 主な参考文献
Eriksen, M. et al.（2014）. Plastic Pollution in the World's Oceans : More than 5 Trillion Plastic Pieces Weighing over 250,000 Tons Afloat at Sea. journal. pone., 10.1371.

● 主な参考WEB
Consortium for Wildlife Bycatch Reduction
http://www.bycatch.org/about-bycatch
The IUCN Red List of Threatened Species
http://www.iucnredlist.org/
United Nations Environment Programme（UNEP）
http://www.unep.org/
U.S. National Bycatch Report
http://www.nmfs.noaa.gov/sfa/fisheries_eco/bycatch/nationalreport.html
環境省　海洋ごみ（漂流・漂着・海底ごみ）対策
http://www.env.go.jp/water/marine_litter/
気象庁　知識・解説
http://www.jma.go.jp/jma/menu/menuknowledge.html
国立極地研究所　http://www.nipr.ac.jp/
新説・海を流れるプラスティックゴミのアルゴリズム
https://wired.jp/2014/09/24/plastic-duck/
水産庁　http://www.jfa.maff.go.jp/
WWFジャパン　https://www.wwf.or.jp/
日本海事広報協会　http://www.kaijipr.or.jp/
日本鯨類研究所　http://www.icrwhale.org/
バードライフ・インターナショナル 東京
http://tokyo.birdlife.org/
林野庁　漁民の森の現状と課題
http://www.rinya.maff.go.jp/j/kensyuu/pdf/seika_2008_08.pdf